BEI GRIN MACHT SICH IHR WISSEN BEZAHLT

AF140940

- Wir veröffentlichen Ihre Hausarbeit,
  Bachelor- und Masterarbeit

- Ihr eigenes eBook und Buch -
  weltweit in allen wichtigen Shops

- Verdienen Sie an jedem Verkauf

Jetzt bei www.GRIN.com hochladen und kostenlos publizieren

Bibliografische Information der Deutschen Nationalbibliothek:

Die Deutsche Bibliothek verzeichnet diese Publikation in der Deutschen National-bibliografie; detaillierte bibliografische Daten sind im Internet über http://dnb.d-nb.de/ abrufbar.

Impressum:

Copyright © 2013 GRIN Verlag, Open Publishing GmbH
Druck und Bindung: Books on Demand GmbH, Norderstedt Germany
ISBN: 9783668583290

Dieses Buch bei GRIN:

http://www.grin.com/de/e-book/382940/einfuehrung-in-die-exponentialfunktionen-unterrichtsentwurf-mathematik

Steffen Weber

Einführung in die Exponentialfunktionen (Unterrichtsentwurf Mathematik)

Eine kompetenzorientierte Stunde zur Verdeutlichung der Wachstumsdynamik von exponentiellen Zusammenhängen und zur Einführung der Begriffe "Wachstumsfaktor" und "exponentielles Wachstum"

GRIN Verlag

GRIN - Your knowledge has value

Der GRIN Verlag publiziert seit 1998 wissenschaftliche Arbeiten von Studenten, Hochschullehrern und anderen Akademikern als eBook und gedrucktes Buch. Die Verlagswebsite www.grin.com ist die ideale Plattform zur Veröffentlichung von Hausarbeiten, Abschlussarbeiten, wissenschaftlichen Aufsätzen, Dissertationen und Fachbüchern.

Besuchen Sie uns im Internet:

http://www.grin.com/

http://www.facebook.com/grincom

http://www.twitter.com/grin_com

Unterrichtsentwurf zur Examenslehrprobe

2. Staatsexamen für das Lehramt an Gymnasien

im Fach Mathematik

Thema der Unterrichtseinheit:

Exponentialfunktionen

Thema der Unterrichtsstunde:

Eine kompetenzorientierte Stunde zur Verdeutlichung der Wachstumsdynamik von exponentiellen Zusammenhängen und zur Einführung der Begriffe ‚Wachstumsfaktor' und ‚exponentielles Wachstum'

Inhalt

1 Analyse der pädagogischen Situation und der fachliche Voraussetzungen

1.1 Äußere Bedingungen

Die vorliegende Unterrichtsstunde wird in der Klasse 10 der XY Schule in XY durchgeführt, welche ich seit Beginn des vergangenen Schuljahres eigenverantwortlich unterrichte. Der Unterricht findet mittwochs (5. Stunde), donnerstags (2. Stunde) sowie freitags (3. und 4. Stunde) im Klassenraum C108 statt.

Die räumlichen Bedingungen können, durch den neben der Tafel zur Verfügung stehenden Overheadprojektor, als gut bezeichnet werden.

1.2 Lerngruppenanalyse

Die eigentliche Schülerzahl dieser Klasse beträgt 28 Schülerinnen und Schüler[1]. Eine enorm unruhige Unterrichtsatmosphäre in allen 9. Klassen hat im vergangenen Schuljahr zur Einführung eines zusätzlichen Mathematikkurses und damit verbunden zu einer reduzierten Schülerzahl in allen Kursen geführt. Bedingt durch die Reduzierung der Kursstärke war eine deutlich erkennbare Verbesserung der Lernatmosphäre zu beobachten. Die Lerngruppe besteht seitdem aus 18 Lernenden, davon 9 Schülerinnen und 9 Schüler.

Auffällig ist eine gesteigerte Lebhaftigkeit der Schüler im Vergleich zu den Schülerinnen, die überwiegend konzentrierter und motivierter als ihre männlichen Klassenkameraden arbeiten, welche sich vermehrt durch außerschulische Gedanken ablenken lassen.

Eine Ursache für die geringere Konzentrationsfähigkeit der männlichen Jugendlichen ist darin begründet, dass sich diese verstärkt in der Phase der Pubertät befinden. Durch kurze Ermahnungen lassen sich solche Unterrichtsstörungen in den meisten Fällen schnell beseitigen.

Trotz dieses Phänomens und unter Berücksichtigung der individuellen Lernvoraussetzungen (vgl. Kapitel 1.3) arbeiten die SuS überwiegend gut im Unterricht mit und sind grundsätzlich an ihrem Lernerfolg interessiert.

Davon ausgenommen sind allerdings F., B. und L., die sich häufig aus Arbeitsprozessen zurückziehen und durch störendes Verhalten auf sich aufmerksam machen. Um eine Besserung herbeizuführen, genügt auch hier in der Regel eine direkte Ansprache durch die Lehrkraft.

Trotz erkennbarer Gruppenbildungen einzelner SuS, herrscht ein freundlicher und wertschätzender Umgang untereinander, der die Grundlage für eine Zusammenarbeit in Gruppenarbeitsphasen darstellt. In Verbindung mit den unterschiedlichen Leistungsniveaus

---

[1] Im Folgenden verwende ich aufgrund der besseren Lesbarkeit die Abkürzung SuS für Schülerinnen und Schüler

führen insbesondere heterogene Gruppenzusammenstellungen zu produktiven und vielfältigen Ergebnissen und Lösungsmöglichkeiten. Obwohl seit Schuljahresbeginn eine Verbesserung der Mitarbeit erkennbar ist, bedürfen die Lernenden N., L. und E. einer kurzen Erwähnung. Diese drohen häufig aufgrund ihrer zurückhaltenden Art in der Klasse unterzugehen. Nach Rücksprache mit der Klassenlehrerin entspricht dieses Verhalten auch dem in anderen Unterrichtsfächern und ist nicht auf den Mathematikunterricht zurückzuführen. Diese SuS müssen gezielt zur Mitarbeit angeregt werden, was insbesondere in Kleingruppen möglich ist, da dort ihre Unsicherheit weniger zum Tragen kommt und sie dadurch deutlich offener mit Problemen umgehen.

Abschließend ist zu erwähnen, dass ich mich in der Lerngruppe wohlfühle und als Lehrperson vollständig akzeptiert werde. Die SuS sind grundsätzlich bereit, meine Hilfe einzufordern und bei Problemen nachzufragen. Persönlich sehe ich mich als Lernbegleiter, der den Lernenden Denkanstöße und keine fertigen Lösungen vermittelt.

1.3 Lernstandsanalyse

Um den Lernstand meiner SuS feststellen und folglich einen schülerorientierten Unterricht zu gewährleisten, setze ich regelmäßig Methoden der aktiven Beobachtung sowie Feedbackmethoden und Selbsteinschätzungsbögen (formative Lernkontrollen) ein.

Die Selbsteinschätzungen der SuS weichen nur in Ausnahmen von meinen Beobachtungen ab. So ergibt sich, dass V., C. und A. am leistungsstärksten sind. Sie tragen durch ihre konstruktiven Beiträge entscheidend zur Weiterführung des Unterrichts bei und schätzen sich selbst als gut ein. Aber auch B., welcher sich durch seine Wissbegierde und einen enormen Ehrgeiz auszeichnet, kann als leistungsstark bezeichnet werden.

B., L., Lars, E. und T. haben einen erhöhten Förderbedarf. Sie benötigen vermehrt Anschauungsmaterial sowie verstärkte Unterstützung durch Mitschüler oder die Lehrkraft. Ich versuche diese SuS u.a. durch geeignete Gruppenzusammensetzungen zu fördern sowie deren Motivation durch gelegentliche Erfolgserlebnisse aufrecht zu erhalten. Auch E. und L. fällt es nach eigenen Angaben häufig schwer, dem Unterricht zu folgen. Sie demonstrieren aber, dass ihnen der Austausch mit anderen hilft und dass sie mathematische Inhalte schnell begreifen, wenn sie sich intensiv damit beschäftigen.

Da die Problemstellung der vorliegenden Stunde sowohl durch Modellierung einer geeigneten Funktion, als auch auf der Darstellungsebene von den SuS gelöst werden kann, möchte ich meine Einschätzungen zur Lerngruppe bezüglich der drei Kompetenzen „Problemlösen", „Modellieren" und "Darstellen"[2] im Folgenden näher erläutern.

---

[2] Vgl. HKM (2013): S. 12ff.

4

Im Rahmen meiner bisherigen Unterrichtstätigkeit in der Klasse 10a hat sich herausgestellt, dass die SuS C., V., A., B. und M., wie im Kerncurriculum gefordert, in Problemsituationen mögliche mathematische Fragestellungen erfassen, diese in eigenen Worten formulieren und eigene Lösungsideen entwickeln können (Problemlösen). Sie können Probleme bearbeiten, deren Lösung die Anwendung von heuristischen Hilfsmitteln und Strategien erfordert sowie Ergebnisse auf ihre Plausibilität überprüfen (Anf. II[3]).

Darüber hinaus haben C. und V. bereits mehrfach im Rahmen von Stationenarbeit demonstriert, dass sie auch anspruchsvolle Probleme bearbeiten können (Anf. III). Hingegen weisen B., L., Lars, L. und T. hier verstärkt Probleme auf. Meine Beobachtungen im Unterricht, aber auch die Ergebnisse mehrerer formativer Lernkontrollen haben gezeigt, dass es diesen SuS oftmals schwer fällt, einfache Probleme zu benennen und mit bereits erprobten Verfahren zu lösen (Anf. I). Die SuS J., S., M., L. und N. können zwar einfache Probleme selbstständig bearbeiten, es fällt ihnen jedoch schwer ohne zusätzliche Hilfen Problemstellungen aus dem Anforderungsbereich II der Kompetenzmatrix vollständig zu erschließen.

Auch bei einer näheren Betrachtung der „Modellierungskompetenz" wird die bereits aufgezeigte Heterogenität der Lerngruppe deutlich. Während C., V. und A. gerade erst zum Thema „Oberflächenberechnung eines Kreiszylinders" gezeigt haben, dass sie unvertraute Situationen eigenständig modellieren können (Anf. III), ist es den Lernenden B., L., L. und L. lediglich möglich, vertraute und direkt erkennbare Modelle zu nutzen (Anf. I). Bei den übrigen SuS hat sich gezeigt, dass diese zwar mehrheitlich fähig sind im Rahmen eines mathematischen Modells zu arbeiten, aber häufig nicht in der Lage sind, aufgetretene Problemsituationen selbständig in ein mathematisches Modell zu überführen (Anf. I – II). Hier sehe ich aufgrund der zentralen Stellung im Modellierungskreislaufs wesentliches Entwicklungspotenzial.

Hinsichtlich der Kompetenz „Darstellen" ist anzumerken, dass der überwiegende Teil der Lerngruppe vertraute und geübte Darstellungen von mathematischen Situationen anfertigen und Beziehungen zwischen einzelnen Darstellungsformen erkennen kann (Anf. I - II). C., V., A., B., N., M. und S. sind darüber hinaus fähig zwischen einzelnen Darstellungsebenen zu wechseln (Anf. II).

Abschließend ist bezüglich der überfachlichen Kompetenzen folgendes anzumerken. Die „Personale Kompetenz" innerhalb der Lerngruppe lässt sich als durchschnittlich bezeichnen. So ist sich die Mehrheit der Lernenden zwar über ihre eigenen Fähigkeiten bewusst und in der Lage diese zu reflektieren, jedoch haben einige SuS, darunter B., E., L., T., L. und L.

---

[3] Vgl. Blum, W. et al. (2006): S. 33-80

5

Probleme, mehrschrittige Arbeitsprozesse selbstbestimmt und eigenverantwortlich zu steuern (s. a. Anf. II d. Modellierungskompetenz).

Die „Sozialkompetenz" innerhalb der Klasse befindet sich auf einem guten Niveau. Dies ist in der Bereitschaft der SuS zu erkennen, sich unter Einsatz ihrer individuellen Fähigkeiten, gegenseitig zu unterstützen. Besonders hervorzuheben sind in diesem Kontext A., V. und C., welche durch ihre kognitiven Fähigkeiten maßgeblich den Unterricht bereichern, indem sie ihren Mitschülern und Mittschülerinnen beratend und unterstützend zur Seite stehen (vgl. Kapitel 1.2). Als förderlich bei der Erarbeitung neuer Themeninhalte hat sich daher erwiesen, dass die stärkeren SuS nach Möglichkeit die schwächeren Kursmitglieder unterstützen. Es hat sich gezeigt, dass dem heterogenen Leistungsstand (s. oben) der Lernenden am ehesten in Form von Gruppenarbeitsphasen, welche durch das Prinzip des "Lernens durch Lehren"[4] geprägt sind, entsprochen werden kann. Hierbei ist darauf zu achten, dass das Gruppenergebnis nicht ausschließlich von den besseren Schülern ausgeht, sondern alle Mitglieder involviert werden.

Schließlich lassen sich bei einigen SuS Unsicherheiten bei der Präsentation ihrer Lern- und Arbeitsergebnisse an der Tafel bzw. mit dem Overheadprojektor (OHP) erkennen („Medienkompetenz"). Hier sind insbesondre die SuS L., F., L., M. und S. zu benennen.

2 Didaktisch-methodische Überlegungen zur Unterrichtsreihe

Maßgebend für die Unterrichtsgestaltung in der zehnten Klasse ist der Hessische Lehrplan für das neunjährige Gymnasium[5]. In Verbindung mit dem neuen Kerncurriculum für Hessen[6] beinhaltet dieser als zentralen Themenbereich die Exponentialfunktion unter der Leitidee „Funktionaler Zusammenhang (L4)". Darüber hinaus stellt der Umgang mit eben diesen Funktionen einen wesentlichen Teilbereich der Oberstufenmathematik dar.

Exponentialfunktionen haben in den Naturwissenschaften, beispielsweise bei mathematischen Beschreibungen von Wachstumsvorgängen, eine zentrale Bedeutung.

Die hier beschriebene Stunde dient der Einführung in die Exponentialfunktionen. Im Gegensatz zu den Potenzfunktionen, welche in der vorangegangen Unterrichtsreihe thematisiert wurden und bei denen die Basis die unabhängige Variable ist, ist bei Exponentialfunktionen die Variable der Exponent des Potenzausdrucks.

In Bezug auf die Planung der Unterrichtsreihe wirkt sich dieser Sachverhalt folgendermaßen aus. Um eine inhaltliche Entlastung für die vorliegende Unterrichtsstunde herbei zu führen, wurde in der vorrangegangenen Stunde bereits das lineare Wachstum thematisiert.

---

[4] Vgl. Krüge R. (1975): S.17
[5] Vgl. HKM (G9): S.31
[6] Vgl. HKM (2013): S.18 ff.

Aufgrund meiner Feststellungen (vgl. Kapitel 1.3), dass einige Lernende Schwierigkeiten bei der zweckmäßigen Anwendung von mathematischem Wissen auf Alltagssituationen aufweisen, habe ich mich im Rahmen dieser Unterrichtsreihe, entsprechend der Forderung des Lehrplans [7], für eine Verbindung der mathematischen Inhalte mit realitätsbezogenen Problemstellungen entschieden. Die SuS können dadurch im Rahmen von offenen Modellierungsaufgaben ihre Problemlösekompetenz erweitern, Strategien entwickeln und somit „eine Schlüsselkompetenz im Sinne einer Grundlage für lebenslanges Lernen" [8] erlangen.

Zudem eignet sich die Thematisierung der Exponentialfunktion an Beispielen aus der Lebenswelt der Lernenden, um die „mathematischen Konstrukte mit Sinn zu füllen, die Motivationslage zu verbessern und nachhaltiges Lernen wahrscheinlicher zu machen." [9]

3 Didaktisch-methodische Überlegungen zur Unterrichtsstunde

Ziel der vorliegenden Stunde ist es, dass die Lernenden im Zuge einer schülerorientierten Problemlöseaufgabe die wesentlichen Merkmale des exponentiellen Wachstums (Wachstumsdynamik) erkennen sowie Unterschiede zum linearen Wachstum benennen können.

Diesbezüglich findet man in Schulbüchern, Fachzeitschriften und im Internet mehr als genügend Einstiegsaufgaben. Allerdings stellt ein Großteil der Aufgaben Situationen dar, die nur bedingt mit der Lebenswelt der Schüler zu tun haben. Entsprechend gestaltet sich der Transfer *„das Problem der Aufgabe zu einem wirklichen Problem der Schüler zu machen"*, als schwierig. Beispielsweise interessieren sich die Schüler einer zehnten Klasse nach eigenen Erfahrungen nur bedingt für das Wachstumsverhalten von Algenpflanzen [10]. Des Weiteren sollte eine gelungene Aufgabe „einen Mindestgrad an Offenheit" [11] aufweisen, „Anlass zu divergentem Arbeiten, [...] individuellen Erkundungen [und] vor allem unterschiedliche Ansätze – auch auf unterschiedlichem Niveau – erlauben" [12].

Aus diesem Grund erscheint mir die Konfrontation der Lernenden mit der Geschichte eines Jungen ihren Alters, der durch sein nachlässiges Verhalten eine „Facebook-Party" auslöst, als passend. Die Aufgabe ist zugleich motiviert und regt zu eigenständigem Arbeiten an (s. Anhang). Durch ihren offenen Charakter bietet die Aufgabe ausreichend Freiraum für kreative Überlegungen und individuelle Annahmen und somit ein lebendiges Bild von Mathematik. Die Lernenden erhalten die Möglichkeit, ihre heuristischen Strategien implizit zu erweitern

---

[7] Vgl. HKM (G9): S.38
[8] Vgl. Leuders, T. (2003): S. 122
[9] Vgl. ebd.: S. 122
[10] Typische Einstiegsaufgabe in Schulbüchern
[11] Vgl. Leuders, T. (2003): S. 125
[12] Vgl. ebd.: S.128

und somit ihre „geistige Beweglichkeit"[13] zu erhöhen. Demnach stellen die Problemlösekompetenzen nicht nur einen „Weg beim Arbeiten, sondern bereits ein erklärtes Ziel"[14] dar.

Die SuS werden bereits zu Beginn der Stunde durch mich in heterogene Kleingruppen eingeteilt (vgl. Kapitel 1.3). Ziel der Gruppenarbeit ist es, ganz nach dem Prinzip des "Lernens durch Lehren", sowohl den leistungsschwächeren als auch den leistungsstärkeren SuS im Sinne einer inneren Differenzierung gerecht zu werden. Zugleich fördert diese Sozialform die Kooperations- und Kommunikationsfähigkeit und bietet die Möglichkeit, alle SuS unabhängig ihres Vorwissens zu aktivieren.

Unmittelbar[15] nach der Begrüßung und Formulierung meiner Erwartungen erhalten die Lernenden den Auftrag, sich die Geschichte von Tim genau durchzulesen und Verständnisfragen zu notieren, um diese anschließend im Plenum zu klären. Danach werden die SuS durch mich aufgefordert, mit ihren eignen Worten zu beschreiben, warum Tim unter Schock steht (Arbeitsblatt Nr. 1). Ziel dieser Phase ist es, sowohl die Ursache als auch das Problem selbst zum Gegenstand des Unterrichts zu machen sowie die Lernenden zum Nachdenken anzuregen und für die anschließende Erarbeitungsphase zu motivieren.

Während der anschließenden Arbeitsphase werde ich die Klasse beobachten und mich weitestgehend aus den Gruppenprozessen heraushalten. Aufgrund der offenen Gestaltung der Aufgabenkonzeption, haben die Lernenden die Möglichkeit, auf mehreren Niveaustufen gleichzeitig eine Lösung für das Problem zu erarbeiten (zusätzliche Differenzierung). Zum einen können die SuS durch die Fortsetzung der Wertetabelle und Zeichnung eines Funktionsgraphen einen ungefähren Wert für die Lösung des Problems ablesen, zum anderen besteht die Möglichkeit, eine Funktionsgleichung aufzustellen und folglich eine rechnerische (exakte) Lösung des Problems zu ermitteln. Auf diese Weise existiert sowohl für die leistungsstärkeren, als auch die leistungsschwächeren SuS die Möglichkeit einen Zugang zur Problemstellung zu erlangen und sich am Gruppenprozess zu beteiligen. Aufgrund der Lernstandsanalyse (vgl. Kapitel 1.3) ist zu erwarten, dass alle Gruppen mindestens eine graphische Lösung erarbeiten werden.

Mögliche Probleme sehe ich bei der Übersetzung der Promblemsituation durch die Lernenden in ein mathematisches Modell. In diesem Zusammenhang ist möglich, dass die Lernenden zunächst längere Zeit ohne große Fortschritte lediglich die Problematik diskutieren und aufgrund der leistungsheterogenen Gruppen einige Schüler verstärkt Unterstützung durch ihre Mitschüler benötigen. Daher habe ich mich gegen leistungshomogene und für heterogene Kleingruppen entschieden, da sich in der Vergangenheit gezeigt hat, dass trotz zusätzlicher

---

[13] Vgl. Bruder, R. (2011): S.81
[14] Vgl. Leuders, T. (2003): S.132
[15] Auf diese Weise möchte ich gewährleisten, dass die Lernenden möglichst unvorbelastet in die Erarbeitungsphase übergehen.

8

Hilfen, die schwächeren Schüler überfordert und sehr schnell demotiviert waren. Für den Fall, dass sich einzelne Gruppen über eine graphische Lösung hinaus an die Modellierung einer Funktionsgleichung begeben, habe ich eine Hilfekarte vorbereitet. Durch deren optionale Nutzung bleibt der problematisierte Ansatz bestehen. Zudem habe ich für sehr schnelle Gruppen einen erweiterten Arbeitsauftrag formuliert, der sich an die Bearbeitung der eigentlichen Aufgabe anschließt.

In der anschließenden Präsentationsphase stellen zwei Gruppen mit möglichst unterschiedlichen Lösungswegen ihre Ergebnisse unter Verwendung des Overheadprojektors vor. Diese Form der Präsentation soll gewährleisten, dass die Arbeit der Gruppen gewürdigt und eine hohe Schüleraktivierung bewirkt wird.

Im Folgenden werden in einem Lehrer-Schüler-Gespräch und auf Grundlage der Gruppenergebnisse die wesentlichen Merkmale des exponentiellen Wachstums herausgearbeitet.

Ziel ist, dass die SuS durch die Betrachtung von Wertetabelle, Graph und Funktionsgleichung erkennen, dass *der Graph zunächst sehr langsam und dann immer schneller ansteigt und jedes Mal, wenn x (Zeit) um 1 zunimmt, der Funktionswert mit dem Wachstumsfaktor 2 wächst.* Zugleich sollen die Lernenden den Unterschied zum linearen Wachstum beschreiben können.

Zur Sicherung der Stunde werden die gewonnen Erkenntnisse durch die Lernenden, auf dem bereits vorhandenen Arbeitsblatt, notiert.

4 Didaktisches Zentrum

Im Rahmen einer schülerorientierten Problemlöseaufgabe erkennen die Lernenden wesentliche Merkmale des exponentiellen Wachstums (Wachstumsdynamik) und können Unterschiede zum linearen Wachstum benennen.

Teilkompetenzen:

Die Lernenden...

- erweitern ihre *Problemlösekompetenz*, indem sie die vorliegende Aufgabe nicht nur lösen, sondern sich auch über ihr Vorgehen bewusst werden (K2).

- erweitern ihre *Modellierungskompetenz*, indem sie das gegebene Problem erkennen, in ein mathematisches Modell übersetzen, lösen und die Ausgangsfragestellung beantworten (K3)[16]

---

[16] Vgl. KMK (2003): S.7ff.

- arbeiten im Rahmen des Kompetenzbereichs *Darstellen*, indem sie Darstellungsformen sachangemessen auswählen, Beziehungen zwischen Darstellungsformen erkennen und zwischen den Darstellungsformen wechseln (K4).

- arbeiten im Rahmen des Kompetenzbereichs *Kommunizieren*, indem sie mathematische Sachverhalte mündlich und schriftlich ausdrücken sowie aus mathematischen Texten und Abbildungen Informationen entnehmen (K6).

- verbessern ihr selbständiges und eigenverantwortliches Arbeiten, indem sie in der Gruppe weitestgehend ohne Hilfen der Lehrperson die Aufgaben bearbeiten (*Personale Kompetenz*)[17].

- erweitern ihre *Medienkompetenz*, indem sie unter Verwendung der vorhandenen Medien ihre Lösungen anschaulich der Klasse präsentieren (*Lernkompetenz*).

5 Literatur

HKM (G9):	Lehrplan Mathematik für Gymnasium (G9)
HKM (2013):	Bildungsstandards und Inhaltsfelder – Das neue Kerncurriculum für Hessen
KMK (2003):	Bildungsstandards im Fach Mathematik für den mittleren Schulabschluss. Beschluss vom 04.12.2003
Blum, W. (2008):	Bildungsstandards Mathematik: konkret. Berlin: Cornelsen
Bruder, R. (2011):	Problemlösen lernen im Mathematikunterricht. Berlin: Cornelsen Scriptor
Krüge R . (1975):	Projekt „Lernen durch Lehren". Schüler als Tutor von Mitschülern, Bad Heilbrunn: Klinkhardt
Leuders, T. (2003):	Mathematik Didaktik, Praxishandbuch für die Sek. I und II, Berlin: Cornelsen

---

[17] Vgl. HKM (2013): S. 8ff.

6 Anhang

Facebook –
Ein falscher Klick und es ist passiert

Als Tim am Freitagabend schlafen geht fällt ihm ein, dass er wegen der vielen Klassenarbeiten völlig vergessen hat, für seine Geburtstagsparty am nächsten Tag einzuladen. Da er weiß, dass all seine Freunde bei Facebook aktiv sind und diese sogar mehrfach am Tag ihre Profilseite aufrufen, beschließt er, für den nächsten Morgen eine Veranstaltungseinladung bei Facebook einzustellen.

Um Punkt 7 Uhr verschickt Tim die nebenstehende Veranstaltungsmitteilung an seine Freunde.

Im Verlauf des Tages sind auf der Veranstaltungsseite immer mehr Zusagen zu verzeichnen. Die Tabelle zeigt einen Ausschnitt des zugehörigen Verlaufs an.

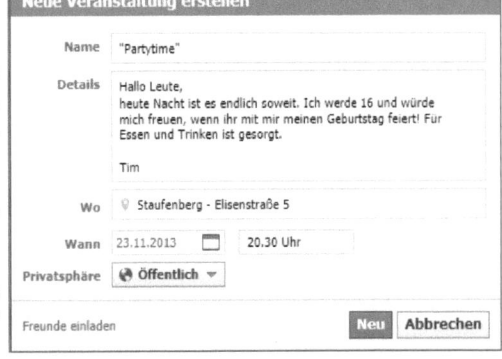

Quelle: www.facebook.de/events

Vergangene Stunden seit 7 Uhr	0	1	2	3	4	5
Zusagen	1	2	4	8	16	32

Als Tim gegen 12 Uhr auf seiner Profilseite nachschaut, freut er sich, dass der Großteil seiner Freunde bereits für seine Geburtstagsparty zugesagt hat. Dass sich auch weitere Personen, darunter einige Unbekannte, für seine Geburtstagsparty angemeldet haben, verwundert ihn in diesem Moment nicht. Vielmehr freut er sich, dass so viele Personen seinen Geburtstag mit ihm feiern wollen.

Bereits vor dem eigentlichen Beginn der Party steht Tim unter Schock, unzählige Personen stehen in seinem Vorgarten und verärgern mit lauten Partygesängen die gesamte Nachbarschaft.

Aufgabenstellung:

1) Beschreibt mit eigenen Worten, warum Tim unter Schock steht?

2) Mit wie vielen feierfreudigen Partygästen muss Tim um 20.30 Uhr rechnen, wenn sich die Entwicklung, wie in der Tabelle dargestellt, fortsetzt?

Präsentationsfolie

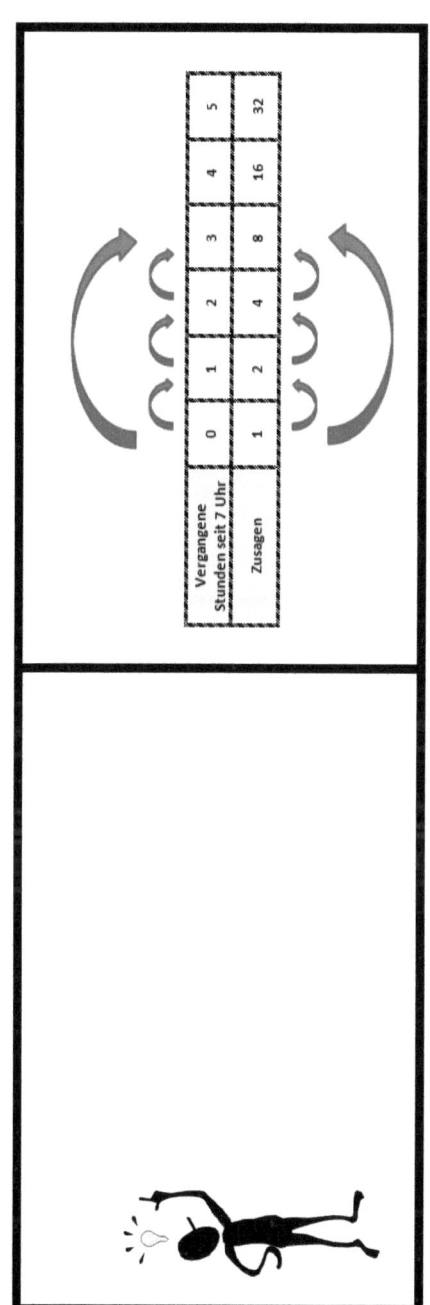

Vergangene Stunden seit 7 Uhr	0	1	2	3	4	5
Zusagen	1	2	4	8	16	32

15

Für schnelle Köpfe ☺

- Überprüft eure anfängliche Vermutung, wie viele Personen zum Start von Tims Geburtstagsparty zu erwarten sind und vergleicht diese mit eurem gefundenen Ergebnis.

Diskutiert innerhalb eurer Gruppe, wie dieser Unterschied zu erklären ist!

Für schnelle Köpfe ☺

- Wie viel Personen sind um Mitternacht zu erwarten?

Bewertet euer Ergebnis!